家居角落 好创意

500 good ideas of corner

500

理想·宅 编

化学工业出版社
·北京·

编写人员名单：（排名不分先后）

叶 萍　　黄 肖　　邓毅丰　　张 娟　　邓丽娜　　杨 柳　　张 蕾　　刘团团　　卫白鸽　　郭 宇

王广洋　　王力宇　　梁 越　　李小丽　　王 军　　李子奇　　于兆山　　蔡志宏　　刘彦萍　　张志贵

刘 杰　　李四磊　　孙银青　　肖冠军　　安 平　　马禾午　　谢永亮　　李 广　　李 峰　　余素云

周 彦　　赵莉娟　　潘振伟　　王效孟　　赵芳节　　王 庶

图书在版编目(CIP)数据

家居角落好创意500 / 理想·宅编. —北京：化学
工业出版社，2015.5
ISBN 978-7-122-23415-5

Ⅰ．①家… Ⅱ．①理… Ⅲ．①住宅-室内装饰设计-
图集 Ⅳ．①TU241-64

中国版本图书馆CIP数据核字（2015）第058236号

责任编辑：王斌　邹宁　　　　　　　　装帧设计：骁毅文化

出版发行：化学工业出版社(北京市东城区青年湖南街13号　邮政编码100011)
印　　装：北京盛通印刷股份有限公司
710mm×1000mm　1/12　印张11　字数250千字　2015年5月北京第1版第1次印刷

购书咨询：010-64518888 (传真：010-64519686)　　售后服务：010-64518899
网　　址：http://www.cip.com.cn
凡购买本书，如有缺损质量问题，本社销售中心负责调换。

定　　价：45.00元　　　　　　　　　　　　　版权所有　违者必究

目录
CONTENTS

目录
CONTENTS

阅读区

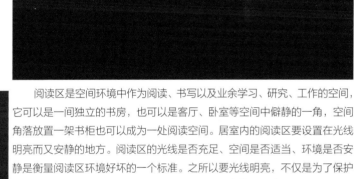

　　阅读区是空间环境中作为阅读、书写以及业余学习、研究、工作的空间，它可以是一间独立的书房，也可以是客厅、卧室等空间中僻静的一角，空间角落放置一架书柜也可以成为一处阅读空间。居室内的阅读区要设置在光线明亮而又安静的地方。阅读区的光线是否充足、空间是否适当、环境是否安静是衡量阅读区环境好坏的一个标准。之所以要光线明亮，不仅是为了保护视力，接触自然光也更有利于身心的健康，而且自然光能给人以温馨舒适的感觉，有利于增强阅读区的吸引力。阅读区是要提供一个自主、宽松的学习环境。因此，具备相对独立、宽松的空间也是阅读区的基本要求。阅读区舒适安静的环境能保障人在进行阅读活动时不受干扰，且产生温馨、舒适、安全的心理感受。

独立书房打造功能完整的阅读区

独立式的书房是将书房与居室内的其他空间完全分开，形成一个独立的完整空间。独立型的书房往往具有较完整的家具陈设，如藏书架、书桌、电脑操作台、座椅、休闲沙发等，同时这样的书房也会具有系统的功能分区，如书写区、查阅区、储存区、休息区等。具有这样特点的书房受其他空间的干扰较小，可以提高在此阅读、工作的效率，比较适合有较多藏书，或工作型的书房。

1

1.简洁明亮的独立书房，不用过多的装饰和陈设，凸显书房的宁静之感。

2.独立式书房空间较大，其中的书架、书桌都能够选择高大、宽敞的类型。

3.镂空的书架减少了独立书房空间的压抑感，统一的铺装材质也使书房更加完整。

4.空间较小的独立式书房不做过多的陈设，除书架书桌外仅用少量绿植来表现环境的精致细腻。

2

3

4

1.中式的独立式书房将雕花纹书柜和桌案集中在一处，使书房空间繁简相宜。

2.文房四宝皆备的独立书房中挂有丰富的字画装饰，表现优雅的中式书房环境。

3.独立的书房空间不受其他空间环境的影响，可以通过陈设家庭的照片来使书房具有温馨的气氛。

4.独立式书房的风格完全由书架书桌的形式来决定，线条简洁的桌案、书架使沉重的木质材料也具有了现代感。

1.独立书房内的书桌放置在靠窗位置，阅读之余转头便是窗外美丽的风景。

2.书架较为高大，在独立式书房中一般都靠墙角放置，也能够节省书房的空间。

3.清净的环境是每个独立书房应保持的理想境界，而白色的家居环境很容易做到这一点。

4.独立式书房可以通过白色的环境装饰来提高书房内的光线亮度。

1.独立式书房的环境比较宁静雅致，通过墙面顶面的装饰就能使环境在静中富于变化。

2.将书桌背对着窗户放置，阅读视线与光线方向相反，提高书房内的亮度。

3.空间较为狭长的书房，最大限度地利用墙面面积设计书架也能够拥有大容量的藏书区。

4.书房以棕色的玻璃装饰作为墙面背景，增加整个书房的明度，也不过分刺眼。

在书房中融入会客空间

会客空间在家居生活中并不是常用的空间，但似乎又必不可少，所以增加会客空间的功能是提高空间利用率的好方法。家居中的阅读区不一定要很私密，将其融入会客空间，就增加了会客空间的功能性。同时，也可以采用玻璃门或家具将阅读区与会客空间进行视觉或行为上的隔断，但不能完全分隔开，使不同的空间区域相互独立又能够协调统一，身处不同的区域也能够和其他人进行交流，而阅读区的书柜等也能够成为会客空间的装饰，表现环境的书香氛围。

1.面积较大的书房，另辟出较大面积的休闲空间，使书房也具有了会客的功能。

2.空间较大的独立式书房中还会设计一处休闲区，使整个书房的功能更加多样化。

3.空间中的桌案有了书架和座椅就有了更多的功能，是书桌，也是会客聊天休息的几案。

4.沙发的设计使阅读区的环境更加轻松，也使阅读区有了会客的空间。

1.细长的空间尽头设计为阅读区，一侧的条形沙发使空间内多了一些舒适感。

2.窗户下的仿古带花格休闲椅上放置一处茶台，使阅读区也能成为清心的待客空间。

3.条形的壁纸使狭长的书房没有压迫感，一侧设计舒适的沙发使书房有了休闲会客的空间。

4.阅读区与会客区同在一个空间内，两处区域有区分也有呼应，统一的地面铺装，使空间的整体性更强。

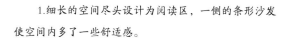

与其他空间相连的开放式阅读区

　　半开放式书房设计是最受年轻人推崇且实用的家居阅读区形式。这样的书房设计使阅读区与其他房间之间有一定的程度上的分隔与限定，隔断主要是重要的装饰家具，如书架、屏风等，形成一个既彼此分隔又相互陪衬的和谐整体格局，这样似乎更能让居室显得浑然天成。而阅读区的隔断等装饰物，因丰富多彩的造型，使整个空间都有了较好的装饰效果。

　　1.客厅的一角靠窗的位置放置桌椅，空旷明亮的环境使空间的阅读氛围自然舒适。

　　2.客厅中舒适的沙发上，在明亮的灯下也是一处温暖的阅读区。

　　3.在客厅一角的小案几和舒适的座椅，搭配一盏明亮的台灯，就是一处温馨的阅读区域。

1.在客厅的休闲沙发旁放置藏书柜，使舒适的沙发也能成为阅读的平台。

2.卧室电视机柜的台面较长，另一半用作阅读区的书桌，实现卧室空间的合理利用。

3.客厅大空间的一角，放置桌椅来丰富空间功能，这里也能够充当阅读区。

4.卧室中沿窗边设计的吧台式阅读区，环境简洁舒适，与卧室的环境搭配也十分契合。

1.客厅中两人对坐的几案休闲区，是居室中阅读的好地方。

2.将阅读区与家居中的活动区相结合，使阅读成为家居生活中的好习惯。

3.利用墙角的弧形做出书架以及书桌的空间，提高了卧室空间的利用率。

4.与过道空间相连的阅读区，依靠具有装饰性的帷幔增加空间的灵活性。

1.墙角放置的书桌，不会影响到客厅的大环境。

2.客厅光线较好，在窗边设置的阅读区能够享受多处光源。

3.书桌空间使用镂空的隔断与其他空间分开，使阅读区有了独立性，同时也与其他空间有联系。

4.客厅中的小书桌，使客厅看起来不会过于空荡，也不会妨碍客厅功能的发挥。

5.依墙而设的小书桌在客厅中有隔断的功能，使客厅的区域划分更加明显。

敞亮的窗边阅读区

光线充足，色调明亮的阅读区，可以让身处其中的人感觉心情很放松，精神百倍。阅读区对于光线的要求很高，因为在过强和过弱的光线中工作，都会对视力产生很大的影响。所以阅读区最好放在阳光充足但不直射的窗边。这样在工作疲倦时还可凭窗远眺一下，以休息眼睛。阅读区内也可设置台灯和书柜用的射灯，便于主人阅读和查找书籍。窗边的阅读区还应注意协调光线角度与桌椅的摆放角度，避免直射光线对阅读、工作产生的影响。在窗边设计阅读区充分利用了环境因素，同时也增加了阅读区的休闲特点。

1.色彩明亮的窗帘会使过强的光线变得柔和，同时又可以装扮室内环境。

2.利用窗帘可以调节室内的光线，也能够带给人安全感。

3.书桌放置在窗户下，阅读之余抬头便能看到窗外的庭院美景。

1.白色的合页窗帘与白色的室内墙壁融合，使整个书房环境变得清新明亮。

2.背对着窗户的书桌以窗外的自然环境做背景，合页窗帘与帷幔并用，使室内的光线可以随意调节。

3.窗边的榻榻米光线充足，既是休闲的茶座，也是舒适的阅读区。

4.白色调的室内环境采用白色的窗帘，能够保持明亮的室内环境。

1.室内选用较厚的窗帘布可以阻挡室外的部分噪声，创造清静的环境。

2.窗户边的组合书柜镶嵌在墙面中，与窗台整体衔接恰当。

3.绿色的纱帘显得十分轻盈，落在窗边的书桌上，整个空间显得十分浪漫。

4.窗台的一体化设计包含了书桌、书架以及收纳区域，整个空间的实用性极强。

1.窗外是一片滨河美景,远离了马路噪声的干扰,还可以在倚窗品读佳文之余赏景养神。

2.书桌上放置的电脑屏幕背对窗户,避免光线在屏幕上反光影响阅读效果。

3.空间较小的阅读区设计较为简单,而明亮的窗户给了阅读空间无限的可能。

利用空间角落设计精致的阅读区

　　有人觉得小户型的房子中，许多关于家的梦想都无法实现，比如小户型就很难拥有一个独立的书房。但其实，再小的户型，也总有许多边角空间被遗忘，家中的角角落落改造一下就会变成很不错的阅读区。书架可以是墙面两块简易的隔板、也可以是与书桌一体的花格架；也总有一款书桌能够适合独特的墙角空间。这样精致的空间角落阅读区设计既能做到省时省力，还能够节省家居空间。

　　1.两面墙之间形成的夹层空间，正好是一个书桌的宽度，明亮的壁纸和灯饰使阅读区不觉压抑。

　　2.墙角花枝图案的壁纸与纯白的桌椅对比鲜明，更显书桌环境的宁静。

　　3.阳台的角落设计了两处阅读区，一处是搭配有小案几的休闲椅，另一处则是具有办公作用的吧台阅读区。

　　4.楼梯出口处狭长的角落设计得十分精致，简单的长椅结合舒适的抱枕、柔和的灯光营造安静的阅读区环境。

1.以黑色的木质隔断作为背景，中式的落地灯搭配简约的座椅，营造舒适的阅读氛围。

2.阳台的夹角设计为一处阅读区，环境僻静，又有开阔的视野。

3.居室一角的阅读区由舒适的单人沙发、灵活的案几和明亮的射灯组成，小空间的功能齐全。

4.柜子与墙面的夹角围成一处阅读区，墙面的小装饰品使空间显得更加温馨。

5.书桌以及墙面的书架利用了墙角的空间，使阅读区整体在空间中较为隐蔽。

1.走廊尽头的小空间设计为一处阅读区，整个空间便不会显得狭长局促。

2.一体化的书桌书柜，整体感强，在同色系的空间中显得十分低调。

3.窗台与墙面围成的小空间环境光线明亮，用作阅读区充分利用了空间优势。

多功能
吧台

　　吧台原是酒吧向客人提供酒水及其他服务的工作区域,现在慢慢走入了家居生活,让家更有趣味。吧台起到的作用有很多,如分隔、增加休闲空间、实用功能等作用。在居室设置吧台,必须将吧台看作是完整空间的一部分,而不单只是一件家具。好的设计能将吧台融入家居空间,更好地为生活服务。吧台的位置并没有特定的规则可循,通常都会利用一些零散的空间。如果将吧台当做是家居空间的主体,便要仔细规划空间内的动线走向。良好的动线设计具有引导性,无形中使居住往来更加舒适。

小吧台打造时尚居室空间

吧台是集时尚、休闲于一身的设计。在客厅中，吧台体现的效果也是十分不错的。客厅空间设置一个吧台可以充当书桌来办公，或进行喝酒等活动。单一的吧台会显得孤立，所以要加多一些柜体来平衡整体性，相当于多了个休闲的区域，使得吧台利用率更高，增添了客厅空间的高档时尚的气氛。客厅吧台具体做法，首先要根据家居整体风格来定位设计，所用的饰面和材质也要根据风格而定，然后通过客厅空间尺寸来确定吧台的造型以及尺寸。

1. 水滴状的吧台可以为长形的空间增添设计感，同时也为客厅另辟出一片休闲区域。

2. 客厅处的吧台采用沿墙的设计，适合比较狭长的空间，靠墙的设计不会占用太多空间，也不会喧宾夺主。

3. 吧台起到了隔断的作用，同时也能和客厅互通，没有完全地隔断空间。

1.吧台与客厅的沙发、玄关处的收纳柜组成一处时尚的休闲区域，增加了客厅的功能。

2.过道处空间较大，设计"L"形的吧台，使吧台内有足够的活动空间。

3.巧妙地利用过道角落，打破常规的吧台形状思维，根据墙角因地制宜，再辅之以时尚的颜色搭配，个性吧台呼之欲出。

4.木饰板作为客厅与其他空间的隔断，装饰性极强，而附加设计的吧台无疑是空间中最吸引人的角落。

1.通过吧台将空间分隔成小区域，使客厅中的休闲区域变得趣味十足。

2.简洁时尚的吧台设计，与地面铺装一致的吧台在无形中形成了空间的隔断。

3.吧台的材质与客厅的装饰材质相同，在功能上两处区域也相互呼应，使不同的空间有联系。

4.不对称无接缝吧台连接着隔断台面，打造平衡的平面线条，这样的设计可以同时容纳多人一起聊天畅饮。

5.与墙面装饰融为一体的吧台设计，既是墙面的置物架，也是客厅中的休闲区。

1.大户型空间在过道处设计长吧台，在容易被人忽略的空间处形成休闲小景，既装饰了过道环境，实用性也很强。

2.吧台为客厅空间提供了一处休闲放松的小空间，红色的吧椅与室内的装饰也相得益彰。

3.室内休闲区的一旁设计的一处简易吧台是整个空间的辅助休闲区。

4.吧台下方延用墙面的材质与色彩，置物架的两处分隔使空间的层次感更强，整体空间惬意又有时尚感。

利用灯光营造吧台小环境

灯光是营造吧台氛围的重要因素，不同的光源能够给吧台环境带来不同的感受，吧台一般选择暖色系的灯光，如橙黄色、淡黄色、鹅黄色等。黄色系的照明，既能营造温馨的氛围，又不伤害眼睛，加上射灯照明，使吧台呈现出明亮的视觉效果，紫色的灯光，增加吧台的浪漫情趣，蓝色的光源，则给吧台空间带来另一番风韵。吧台灯光使用嵌入式的设计，这样既简约又省空间，也可以采用可控制吊灯高度和灯光强度的吊灯，使吧台的光线可以随意改变。

1

2

1.吧台结构设计中为顾及稳固及实用性，轻质的玻璃吧台桌设计为"L"形，强化其结构性。

2.作为独立设计的吧台区域，布局合理，采光自然，整个空间现代而时尚。既可以满足简单就餐，同时可以满足三五朋友的到来做客，闲暇时一起喝酒聊天，休闲放松。

3.楼梯口的小空间设计了一个简单的小吧台，透明的玻璃隔断使吧台空间没有压抑感。

3

1.吧台具有分隔空间和提供休闲的功能，其上方的灯饰丰富空间上层，整个吧台区在客厅空间中显得十分精致。

2.楼梯下的吧台，将灯饰有层次地装饰在楼梯下，节省了空间同时也将角落空间布置得十分精致。

3.以木材作为开放式吧台延续客厅的空间，也巧妙地界定玄关与客厅区域，吧台一侧的格状设计也是一处收纳区域。

4.白色的吧台隔断隔开了客厅与过道，精致的灯饰加上玻璃背景的反光效果，华丽又见时尚度。

5.白色的环境中银质的吊灯艺术气息十分浓郁，吧台流畅的线条也使环境艺术感十足。

酒柜让吧台的设计更加完美

酒柜吧台的设计运用也已走进了家庭中，和爱人举杯小酌，供朋友开怀畅饮，家庭吧台呈现出别样情趣。家庭酒柜、吧台的设计在充分确定好风格定位、户型结构后方可选择适合家庭环境的布置方式。空间大的户型可以选择酒柜与吧台分离的形式，并利用吧台将室内的空间进行划分。较小的空间可以选择将酒柜贴墙布置，下方作为吧台，或在吧台下设置不同形式的花格作为酒柜。吧台与酒柜的组合也使得室内的休闲方式更加多样化。

1.长形吧台的台面架高了3厘米，将吧台分为两面，分隔出两处不同的台面功能区域。

2.吧台是室内的隔断延伸出来的一段平台，台面的一角用来充当酒柜，半封闭式的吧台空间使室内的不同区域有了空间上的联系。

3.设计在过道中的吧台区域，酒柜半嵌入墙面，吧台台面较为宽敞，这样的布局有效地提高了空间的利用率。

4.利用室内独立小部分空间设置酒柜和吧台，使室内小空间得以利用，有整齐划一感。

1.酒柜、吧台的形式简约现代，看似随意组合，其中不乏巧妙的设计，色彩沉稳的木质也有了时尚的气息。

2.酒柜与吧台分离，设计在过道边，客人可以围台而坐，既方便交谈，又利用了过道空间，使室内空间布置更显紧凑，实用性较强。

3."L"形的酒柜本身在环境中就是一件艺术品，利用吧台来划分空间，使室内的空间隔而不断，布局合理。

辅助厨房功能的吧台

厨房中的吧台是最能够体现吧台多功能的设计形式。厨房吧台要与厨房、餐厅洁净、实用的环境相适用，造型应简洁明快，但也要有一定的装饰性。厨房吧台常设置在厨房中间或厨房边缘，考虑到厨房的油烟污染，石材台面或者不锈钢台面配上高脚椅是厨房吧台常见的设计形式。开放式的厨房，增加一个长形吧台，厨房的区域更加明显，同时也使厨房与其他空间隔而不断。空间较小的厨房，小型的吧台能充当料理台的作用，同时也能满足日常吃饭的需要，节省了餐桌椅所占用的空间。

1.厨房与吧台结合开放式空间，借由台面简约的烛台和明亮的射灯，营造轻松温馨的厨房氛围。

2.厨房空间采取开放式的设计概念，吧台隔断既是洗手台，又可用作置物台或用餐台，共同诠释开阔大气的风范。

3.简约的吧台设计是厨房内必不可少的辅助料理区，同时也可以充当两人就餐的小餐桌。

4.台面的降低预示着台面功能的转换，在厨房中间的吧台也使厨房的空间变得更有条理。

1.一字形的吧台十分简约，在厨房空间中也起到了隔断的作用。

2.厨房的吧台除了有隔断空间的作用，较为宽敞的吧台台面可以当做操作台，也可以是两个人的小餐桌。

3.厨房中双层的吧台设计增加了储物空间，吧台看上去非常整洁，同时又增加了很多收纳空间。

4.厨房吧台与操作台结合方便操作，同时吧台下的大空间也可以用来收纳厨房用具，使厨房的多种功能更容易实现。

1.简易的吧台设计主要是为厨房增加更多的操作空间，同时也使空间显得有层次。

2.为增加厨房吧台的置物空间，在吧台侧面设计了置物架来放置一些常用的厨房物品。

3.纯色面砖铺贴的墙壁以及同色系的厨房用具使空间缺乏亮点，一组红色的吧椅，就成功地吸引了人们的视线。

4.餐厅与厨房之间的吧台既是休闲区域，也是空间的隔断。

飘窗

　　飘窗，是室内向室外凸起的宽敞的窗台，拥有大块的采光玻璃，使人们在室内有了更广阔的视野，更赋予生活以浪漫的色彩。飘窗窗台的高度比一般的窗户低，这样的设计既有利于进行大面积的玻璃采光，又保留了宽敞的窗台，使得室内空间在视觉上得以延伸。飘窗不仅可以增加户型的采光和通风等功能，也给房屋建筑的外立面增添了建筑魅力。合理地利用飘窗更能为居室带来意想不到的效果，在视觉上还能增加室内空间面积。好好利用这块宝地，让它变成家中的黄金地段，让家的飘窗从此靓起来。

回归自然的中式飘窗

回归自然的中式风格是对飘窗风格最好的诠释。中式飘窗一般以木材或是米色系的石材做飘窗台面，结实耐用的同时也能较好地体现飘窗的自然风格。飘窗的软装设计不仅要能体现业主的喜好和品位，还要和整体家装风格、色彩等协调一致。软装的搭配通过灰色、白色、米色等中性色系来点缀或过渡其他色彩，也能很好地体现中式飘窗的自然舒适。

1.客厅中的飘窗十分宽敞，飘窗边的景致也十分丰富，设计茶座空间丰富了飘窗的功能。

2.同色系的色彩带给飘窗宁静的感觉，宽敞的空间是卧室内的又一休闲场地。飘窗的上方还挂上了别致的吊灯，营造了温馨的氛围。

3.敞亮的飘窗上放置两个垫子，一处茶台就成为了和朋友家人喝茶聊天的好去处。

1.飘窗上的两个榻榻米圆垫子，中间放上茶台或者棋盘便成为宁静惬意的休闲区域。

2.客厅中的飘窗平台都较大，可以设计成收纳的抽屉，飘窗上的小桌也可以设计为活动式，丰富了飘窗的空间功能。

3.客厅的飘窗设计以舒适放松为主，在飘窗上放置无腿椅就十分实用，坐上去也十分舒适。

4.客厅中设计的简约自然的飘窗，通过电脑桌、垫子等家具的辅助，也可以是宁静的工作区域。

实用、舒适的卧室飘窗

卧室是居家休息的场所，具有私密性的特点，卧室中的陈设布局，直接影响到人们的生活、工作和学习。在卧室中想要有一个角落可以享受午后阳光、夜晚的星空，可以静静地读一本好书，可以和知心好友谈谈心，那把飘窗布置成舒适的榻榻米绝对就是不二的选择。它使人们有了更广阔的视野，更赋予生活以浪漫的色彩。

1.飘窗没有过多的布艺装饰，采用百叶窗帘使飘窗整体看起来更加利落，而浅色系的灯光环境使卧室不乏温馨的感觉。

2.卧室的布置给人一种温馨之感，在飘窗上放上软榻，营造惬意舒适之感。

3.飘窗设计将大量的光线引进室内，给这个舒适的榻榻米空间形成了极好的采光。

4.飘窗布置成的榻榻米紧挨卧室床，使两处舒服的休闲空间之间相辅相成，能够随意转换。

1.带转角的飘窗设计很适合做成属于两个人的休闲空间，墙面两端可做简单隔板处理，搭配飘逸舒适的窗帘，使空间显得更有意境。

2.黑白色调的卧室，方格窗户设计和简单的房间布置形成统一，在飘窗坐台处摆放上几个抱枕，十分方便，也增加了舒适度。

3.飘窗墙体的两侧设计成书柜，而飘窗的矮榻下方则变成储物柜，书桌紧挨飘窗环境，整个阅读区紧凑有层次。

4.单人房的飘窗可以设计为兼具多种功能的区域，飘窗摆放谱架便成为舒适的练琴区，挪去谱架也是舒适的单人榻榻米。

1.卧室内的壁纸及纺织品图案较为丰富，而台面整洁的飘窗采用木质铺装显得干净利落。

2.飘窗上放置的球形装饰与大理石台面相得益彰，皮质的坐垫为卧室空间增加了一处休息区。

3.在卧室的飘窗上放置装饰画，营造更加温馨的卧室环境。

4.卧室中的床紧临飘窗，使飘窗具有了床头柜的功能，其上放置杂志、烛台、玩具等物品。

1.飘窗的台面采用木质铺装，使窗台更趋向座椅的质感。

2.整块大理石铺装的飘窗台面与室内床品的色彩一致，铺上毯子就成为舒适的躺椅。

3.室内的壁纸、床品图案丰富，木质包裹的飘窗就显得极为宁静干净。

飘窗使阅读区环境更轻松

飘窗的环境也决定了它可以成为一处舒适的阅读区，想实现这一功能，背靠风景阅读，只需沿着飘窗设计矮榻，根据户型结构，在飘窗的两侧或矮榻下方打制书柜、装上阅读灯。凭窗远望也好，品茗阅读更妙，读书一角自在闲适。也可以根据飘窗墙体环境定制直线形或拐角形的整体书桌，利用飘窗的一些空间定制和书桌连成整体的书柜或收纳书本、玩具、各种手工作品的储物柜，充分发挥飘窗阅读区空间化、立体化的功能。

1

1. 在飘窗上放置定制型的书桌，整个飘窗变成一处清新明亮的阅读环境。

2. 书桌旁的飘窗成为阅读空间中的休闲区域，放上棋盘、茶台、水果盘等物品，成为阅读之余的休憩场所。

3. 将书柜设计在飘窗侧面，配上舒适的坐垫，使飘窗阅读区的整体性更强。

2

3

1.书桌旁的飘窗向室内延伸出一段平台，宽敞的休闲空间也是舒适的阅读区。

2.儿童房的学习区与飘窗设计，飘窗的采光条件好，将书桌设计在飘窗旁的墙角，满足学习环境的光照需求。

3.阅读区的环境与飘窗通过色系的差别区分开来，飘窗窗台下的柜子也是房间内的收纳区域。

4.书桌台面与飘窗台面连接，扩大了阅读区的面积，飘窗既是休闲区也是阅读区的一部分。

用作装饰台面的飘窗

　　功能空间较为丰富的环境中，飘窗可以作为环境中的装饰台面来衬托空间氛围。飘窗窗台可放置一些营造情调的饰品，如盆栽、烛台、摆台、装饰画、玩具等，在不同的居室空间中设计符合环境特点的装饰品，展现室内多元化的功能。透过飘窗窗外的景色也是室内最好的装饰品，让人在室内休息的时候透过飘窗，慢慢欣赏窗外的风景，全身心融入窗外的景致之中。

　　1.飘窗上的装饰品靠边缘放置，既不会影响飘窗功能的发挥又装饰了环境。

　　2.颜色的变化暗示着空间的变化，统一的色彩使飘窗环境的整体性更强。

　　3.卧室有了一张大床，"L"形的飘窗既是装饰，也提供更多的休闲空间。

　　4.较为窄小的飘窗设计上不宜使用过多的装饰，与窗帘采用同样的布艺的抱枕，使空间显得舒适简洁。

1.鲜艳的植物与窗帘的色彩相得益彰，整洁的飘窗台面也不会显得单调。

2.飘窗的大理石台面显得冷清，放置小盆栽和卡通人物造型丰富了飘窗的环境。

3.飘窗环境的采光较好，用做养护小植物的场所也是不错的选择。

4.床头柜较小的卧室中，将飘窗台用作置物空间，再使用小盆栽、挂画等丰富台面，使飘窗也成为环境的重心。

1.飘窗的台面是一个可移动的矮收纳柜，不适合作为休闲空间，但可以作为放置照片、工艺装饰品等的装饰空间。

2.儿童房的飘窗作为装饰空间，放置一些卡通画、玩具等，使整个空间更有趣味性。

3.飘窗上放置的钢琴工艺品丰富空间的情调，水养的唐菖蒲花枝又让空间变得清新活跃。

4.通过布艺品的装饰，飘窗的环境变得温馨，而绿植的出现让空间变得更加自然。

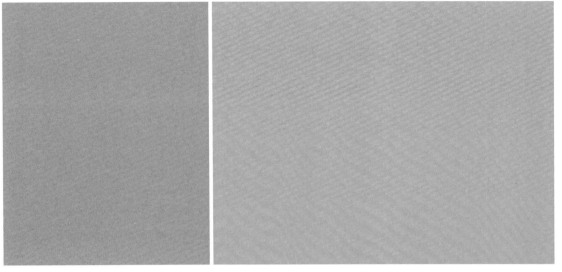

阳台

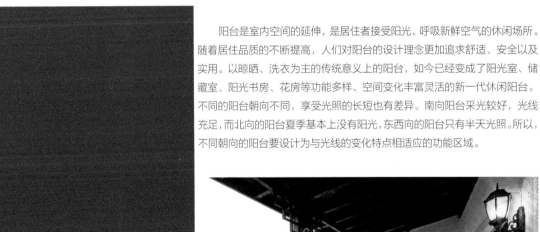

　　阳台是室内空间的延伸，是居住者接受阳光、呼吸新鲜空气的休闲场所。随着居住品质的不断提高，人们对阳台的设计理念更加追求舒适、安全以及实用。以晾晒、洗衣为主的传统意义上的阳台，如今已经变成了阳光室、储藏室、阳光书房、花房等功能多样、空间变化丰富灵活的新一代休闲阳台。不同的阳台朝向不同，享受光照的长短也有差异。南向阳台采光较好，光线充足，而北向的阳台夏季基本上没有阳光，东西向的阳台只有半天光照。所以，不同朝向的阳台要设计为与光线的变化特点相适应的功能区域。

开放式的露天阳台享受更多的阳光

开放式的露天阳台，是指住宅中的阳台楼板由外墙向外出挑而形成的阳台。开放式的露天阳台采光条件好，能够全方位地接受光照，也有利于光线进入室内，阳台完全暴露在空间中也有利于空气的流通；开放式的露天阳台有利于帮助人们更亲近自然。开放式的阳台若是空间面积较大，阳台上可设置的休闲小品较多，会有露台的感觉。空间面积较小也可以栽植花草、放置盆栽使阳台成为植物的乐园。

1.开放式的阳台一把可折叠伞就解决了夏日的骄阳问题，墙角集中摆放的盆栽使空间自然舒适而不繁琐。

2.开敞的阳台边缘设计了一处水塘，使空间更具灵动感，伴随着潺潺的水声，整个环境都具有了诗意的感觉。

3.紧靠着墙角的盆栽放置的休闲桌椅，简洁的造型与植物形成不同的空间层次。

4.防腐木与红砖使阳台空间显得十分古朴文艺，大叶型的绿植使小空间显得十分大气。

1.面积较大的悬挑阳台通过不同的铺装界定不同的功能区域，花架、休闲椅、遮阳伞的配置使阳台也有了花园的感觉。

2.花箱可以栽植多种植物，并且根据植物的不同特点布局出立体空间的层次感。

3.开敞的空间有利于植物生长，黑色的花箱与阳台黑色的铺装融为一体，使植物在空间中的作用更加突出。

4.周围的带状绿植将休闲空间包围其中，在开放式阳台中创造私密性的空间。

阳台的休闲功能

阳台作为室内向室外的一个延伸空间，是业主呼吸室外新鲜空气、享受日光、放松心情的场所。因此，根据阳台的环境稍加装饰，就能使阳台满足惬意的休闲生活的需要。使用质感丰富的小块文化石或窄条的墙砖来装饰墙壁，或采用装饰性强的毛石板作为点缀，都可以突出阳台的休闲功能。阳台面积有限，又要集休闲、实用功能于一身，采用折叠式设计的桌椅及吊柜是实用的阳台家具。

1.阳台与室内通过台阶表示空间的划分，敞开的折叠门使舒适的阳台休闲区自然地融入到室内环境中去。

2.嵌入式阳台只有一面露在外面，巧妙地设计之后，成为室内窗边舒适的榻榻米空间

3.宽敞的阳台通过不同的铺装形式和墙面色彩分为晾衣区和休闲区两部分。

4.阳台空间与室内没有明显区分，但墙面的拐角也暗示阳台空间的存在，这样设计使阳台空间变得更加多元化。

1.紧邻落地窗的二人休闲空间，通过地毯的铺设与室内的其他空间区分开来。

2.红与黑的休闲小区域显得十分干练，艺术感十足的家具自然会成为居室内的一部分。

3.依栏杆而设的休闲座椅以窗外景物为依托，通透的窗户也仿佛是镶嵌在墙面的装饰画卷一般。

4.阳台和室内空间没有明显的分隔，使阳台融入室内，形成开放式的空间。

5.落地窗边通过墙壁的隔断留出阳台的空间，整体装修风格有室内居家的味道。

1.阳台是室内休闲空间的延伸，阳台布局的风格也应与室内一致，在布置内容形式上更倾向于自然生机。

2.玻璃顶面的卷帘可以根据环境光线的变化进行调节，保证了阳台光线的舒适性。

3.阳台的三面及顶面都采用透明的玻璃，使空间变得十分通透，推拉式的玻璃窗户又不会使空间显得沉闷。

4.田园式的阳台格局简约却十分温馨，窗户的设计增加了阳台的安全性。

1.卧室中的小阳台设计为一处办公区域，窗外优美的环境使狭小的阳台也变得轻松自然。

2.木质铺装的阳台十分舒适，透明的玻璃落地窗使阳台空间充满自由的气息，没有压迫感。

3.阳台窗户的设计能够帮助室内空间进行通风换气，透过透明的玻璃又能够欣赏到窗外的美景。

4.半开放式的阳台有栏杆也有窗户，半环形的木质长椅圈出阳台的形状，使阳台成为多人聊天休息的场所。

　　1.小空间的阳台放置了休闲座椅，空间就变得比较满，而全玻璃的窗户拉近室外空间的距离，使阳台没有了拥挤的感觉。

　　2.半圆形阳台扩大了视角，浅色系的窗帘使阳台的光线变得柔和，同时能够增加落地窗的安全感。

　　3.阳台和客厅呈开放式连接，明亮的环境以及舒适的桌椅呈现出来的阳台特点在整体空间中显得十分独特。

1.半圆形的阳台三面采用玻璃封闭，弧形扩大了阳台的观赏视角，在阳台上欣赏的景致也十分壮观。

2.采用不同形式的铺装来界定阳台空间，阳台丰富细腻的装饰增加阳台的休闲性。

3.卧室的阳台与室内空间没有明显的区分，只采用休闲躺椅、台灯等家具来区分空间功能。

4.阳台作为休闲区域，一把舒适的椅子是必不可少的，环境细节的装饰也能点亮空间的色彩。

5.用作操作台的阳台空间，一般将收纳柜设置在侧面的墙壁上，而阳台也必须是能够阻挡外部环境干扰的可封闭阳台。

阳台植物小景

阳台的采光条件好，最适合作为植物的乐园。阳台可以全面打造为植物种类丰富的花房、温室，使人足不出户也能欣赏到大自然中最可爱的色彩；也可以只采用一两盆绿植作为装饰点缀。不同形式的植物也具有不同的造景功能，藤类的植物在夏天攀爬在阳台上，显得生机盎然，可以装饰阳台的墙面。立面的花架能够放置不同形式的绿植，也能丰富墙面环境。

1.全封闭的阳台整体空间面积较大，环境受外界影响较小，放置桌椅可供多人在此休闲。

2.阳台空间的顶面在外，设置玻璃天窗，保证阳台内良好的采光。

3.玻璃阻挡了寒气，留住了窗外的景致，米白色的空间更适合放松休闲，绿植的点缀使空间不再单调。

1.全封闭的落地窗使室内具有良好的采光，同时又保障了室内环境的安全。

2.地面与墙壁采用同样的铺装色彩、材质，在视觉上拉长了阳台的空间，使小空间的阳台也不觉压抑沉闷。

3.阳台的顶面采用了玻璃进行封闭，为阳台创造了温室一般的环境，阳台也更适合成为花草的乐园。

4.狭长的阳台必须采用全封闭式来保证室内环境的稳定，温暖的窗台也很适合养护绿植。

5.狭长的阳台用作晾衣空间，阳台的设计比较简洁，一盆绿植在环境中就十分抢眼了。

1.纯木质装修的阳台空间田园气息浓厚，封闭稳定的环境空间搭配长势茂盛的花草，使整个空间轻松怡人。

2.客厅中突出的一角用作阳台空间，中高型的盆栽使阳台的意境也变得十分清新。

3.封闭的阳台环境舒适，其中分隔出来的小空间，设计多处休闲椅，以及小型的电脑桌，丰富了阳台的功能。

1.有了封闭阳台稳定舒适的环境,白色花架上的植物才能保持优美的姿态,一把舒适的座椅也能表达环境的怡人。

2.采用玻璃封闭的阳台,能够接受自然的光线,环境明亮,也是一处安逸的阅读区。

3.封闭的阳台能够有效阻挡外界灰尘的侵袭,故而可以在阳台上设置收纳柜。

4.薄纱材质的窗帘能够削弱光线的强度,使室内接收到的光线变得柔和。

5.整体的木质铺装使阳台空间显得十分独立,宽阔的视角也让环境变得更独特舒适。

灵活方便的半开放式阳台

具有阳台栏杆以及顶面的阳台空间为半开放式的阳台。这样的空间通常不能实现密闭的功能，故而形成环境通透的半开放式阳台。这样的阳台没有完全暴露在环境中，能够抵挡雨水等一部分外界环境的侵扰，不会受到强烈天气环境的干扰，但对于灰尘、噪音等污染没有明显的阻挡，因此在不同的时节能够营造舒适且具有一定环境特点的休闲空间。半开放的阳台比较适宜作为养护植物的场所，同时也能够实现休闲、学习、晾衣等其他功能。

1. 半开放式的阳台能够使植物直观地接触外界环境，同时开敞的半开放式阳台四季都有不同的感受。

2. 仿露台设计的阳台视线更为开阔，临窗设计的植物景观也使阳台仿佛置入绿丛林中一般。

3. 半开放式的阳台与外界环境联系紧密，木质装饰的小花池栽种了花朵繁茂的三角梅，使阳台的环境更具自然气息。

1.开放的阳台一般采光都较好，用来作为盆栽的小天地极易形成小花园的感受。

2.阳台小空间利用台阶划分出不同的区域，但绿植的摆设使空间自成一体。

3.藤编的家居简单舒适，而阳台金属栏杆的工艺图案成为阳台的装饰壁画。

4.作为休闲空间的阳台座椅要舒适自然，一把躺椅就能够表达所有的环境感受。

5.阳台秋千椅一般都为单人椅，形式受空间条件所限，一般选用简约舒适环保的材质。

1.狭长的阳台空间采用鹅卵石和防腐木进行带状的铺装，使阳台显得宁静悠长。

2.木铺装的阳台顶面采用花架的形式，增加了阳台的功能性，在炎热的夏季也能为阳台洒下一片阴凉。

3.阳台一角的植物造型感十足，通过对盆栽植物的修饰改造，使阳台中也能出现浓缩的山水。

4.木质铺装能够产生较强的艺术感，与植物的组合又有回归自然的意味。

5.阳台的休闲座椅和灯饰将空间的温馨舒适氛围表达出来，一盆小小的绿植无疑是深色环境中的亮点。

玄关

玄关也叫门厅，指的是房屋进户门入口的一个区域，是开门第一道风景，可以给室内外的过渡带来一个缓冲空间，为刚进门的人提供一个心理暗示和领域感。它对户外的视线产生了一定的视觉屏障，不至于开门见厅，让人们一进门就对客厅的情形一览无余。它注重保护人们室内行为的私密性及隐蔽性，保证了厅内的安全性和距离感，在客人来访和家人出入时，能够很好地解决干扰和心理安全问题，使人们出门入户过程更加有序。如果说一个家居的设计是一幕大戏的话，那么玄关无疑就是那厚重的幕布，走出玄关，幕布也随之打开，一台精彩的大戏就此开始。

开敞式的玄关营造宽敞的入户环境

　　开敞式的玄关就是在玄关处不做过多的家具陈设、隔断等设计，使人一进门就能感受到开阔的室内空间。这样开敞的玄关设计便于人们的进出活动，同时也能使玄关更好地获得来自起居室、客厅等空间的间接采光。开敞式的玄关设计也能扩大室内的空间区域，提高空间利用率，将玄关与客厅、过道等空间融合，以开放的空间满足室内的距离感，带给人自由、流畅、爽朗的环境气氛。

　　1.一块复古的花地毯便表示了玄关的存在，开放式的玄关设计在复古装饰的衬托下也显得别具一格。

　　2.入户玄关的过道空间可通向多个空间，整个房间的空间层次、功能分布也就一目了然了。

　　3.玄关处的柜架镶嵌在墙壁中，使整洁的玄关空间环境中多了几分干练和宁静。

1.入户玄关处能看到通向室内不同空间的楼梯和过道，展示出丰富的室内空间概念。

2.一片开敞的空地代替了入户的玄关，也扩大了室内的活动区域。

3.花色复古的地毯将开阔的入户空间装扮得温馨舒适。

4.入户空间直接与过道相连，为室内提供了一处随意的活动区域。

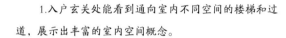

1.墙面和地面铺装具有丰富细致的纹理，玄关处就不宜设计得过于局促，以免空间产生压抑感。

2.开放式的玄关中不做过多的家居陈设，选用黑色家具和镜子能够在视觉上扩大空间。

3.玄关处用一瓶高大的花束做装饰，使室内空间在细腻中流露自然之美。

4.小复式的家居空间，也适合采用开放式的玄关，来扩大一层客厅的面积。

1.白色的家居环境中设计开放式玄关，使室内能够接受更多自然的光线。

2.客厅空间较为规整的室内不宜将空间做分隔，玄关处也设计得简单大方。

3.室内有吧台隔断的空间，就可以不必再设计玄关，简单的入户场景会使室内环境变得随意舒适。

4.入户处的空间为开放式，而玄关的家具设计在墙角，不会破坏空间的整体性。

1.入户空间设计为弧形，整体为开放式，两侧的隔断使玄关空间更加完整。

2.静置的陶罐小品使纯色墙面中的玄关更加突出。

3.玄关是两处过道的交汇点，半开放式的格局能够通向室内的不同空间。

1.入户空间一侧用矮柜分隔客厅空间，另一侧采用半透明的玻璃分隔厨房空间，整体的空间环境既有明显的分隔又有视线上的融合。

2.半开放式的玄关设计大面积的穿衣镜，扩大了空间的视觉感受。

3.玄关正对着过道空间，故而采用小块的墙面分隔，使不同区域划分明显。

利用低柜做隔断式的玄关

低柜隔断式玄关即以低形矮台来限定空间，以低柜式成型家具的形式做隔断体，既可储放物品，又能够起到划分空间的功能的玄关形式，采用低柜做玄关隔断不会遮挡室内的光线，实用性强。低柜通常采用的是鞋柜或独具特点的矮柜，这样的柜子通常都具有一定的收纳功能，方便进门在玄关处换鞋挂帽。鞋柜、矮柜等可做成简洁隐蔽式，也可以是具有装饰性质的隔断，柜面也可以充当吧台，丰富玄关的功能。

1.木质的低柜与房门材质统一，低柜既能用于收纳又能保证不同空间的呼应。

2.玄关处的低柜起到收纳和分隔空间的作用，镂空的金属背景隔断分隔空间的层次。

3.低柜作为入户处的收纳鞋柜简单实用，同时也充当了室内不同空间的分界线。

1.木质纹理使低柜看起来像是一处木质隔断，将入户空间和厨房分隔开来。

2.低柜加珠帘的设计使室内空间不会过于暴露，同时也装饰了入户空间。

3.玄关处的"L"形低柜分隔空间的同时，又有小吧台的作用。

具有收纳功能的柜架式玄关

　　柜架式玄关就是半柜半架式的玄关设计。柜架的形式采用上部为通透格架作装饰，下部为柜体；或以左右对称形式设置柜件，中部通透等形式；或用不规则手段，虚、实、散互相融和，以镜面、挑空和贯通等多种艺术形式进行综合设计，以达到美化与实用并举的目的。柜架式玄关比低柜隔断式玄关拥有更多的收纳空间，半柜半架式的设计不光提供了入户换鞋挂帽的空间，还拥有了挂置外套大衣的区域，是最具实用性的玄关类型。

1

2

4

3

　　1.玄关处设计组合柜架，既能用于收纳物品，同时也可以放置工艺品来装饰入户环境。

　　2.柜架式玄关柜与架也可以是分离的形式，但风格上应相统一。玄关处的架子设计在低柜对面的墙壁上，本身也是一件装饰品。

　　3.玄关处花色丰富的壁纸衬托得镶嵌在墙体中的白色柜架干净整齐。

　　4.玄关处的矮榻、柜架为一体式设计，有效利用了玄关处的空间，同时也保证了玄关的多种功能。

　　1.玄关处的柜与架相隔较远，但整体风格保持统一，使玄关空间更加完整。

　　2.柜架的材质纹理完全融合在墙面中，通过颜色的对比突出柜架的存在。

　　3.木质的柜架简约自然，使入户处的玄关也有了家的温馨。

　　4.白色的柜架中间留出的空白格可以当做扶手使用，同时也可以放置装饰品。

　　5.悬空式的柜架设计也具有一定的装饰性，同时也方便了玄关地面环境的清洁。

1.玄关处的柜架完全镶嵌在墙壁中，木质的纹理与鹅黄的墙面形成明显的对比，使柜架更有立体感。

2.玄关两侧的柜架具有收纳功能，具有金属质感的柜体也有较好的装饰效果。

3.柜架上下分离，中间镂空的格架成为放置装饰品的空间，同时也是入户处的扶手。

4.原木做的柱子以及色彩、花纹古朴的布帘、柜门使玄关的环境充满自然气息。

1.玄关的柜架中设计长形的穿衣镜，在视觉上也使空间显得更神秘。

2.一体式的柜架与大门风格统一，整个玄关空间看似简洁，实则可收纳的东西很多。

3.半柜半架式的玄关留出放置大型花艺装饰的空间，使整洁的玄关多了几分温馨。

4.玄关处需要分隔的空间可以采用玄关柜架来划分空间，采用柜体做隔墙也能够增加隔墙的储物功能。

玄关处的端景装饰入户小环境

入户端景墙是指正对居室大门的一面墙体或隔断装饰。入户端景墙是人们打开门最先看到的风景，在玄关设计中，从这个角度出发使玄关带给人轻松感。入户的端景可以是一面创意的景墙，也可以是精心布置的小休闲区，又或者是装饰精致的柜架。它可以是单纯的墙面设计，也可以将玄关的多种功能融入其中，在玄关处既能起到装饰作用也能发挥玄关的使用功能。

1.二人休闲区以一处漏窗作为背景，不管从那个方向走进来都有景可赏。

2.玄关处的端景墙是一处柜架，白色的柜架本身就具有装饰性，透明玻璃罩着的架子里也放置了许多工艺品作为入户的装饰。

3.大理石材质的收纳台与环境的色彩一致，其上放置色彩鲜艳的装饰品使入户端景墙的轮廓更加清晰。

1.休闲区本身需要一定的环境装饰，以小型的休闲区作为入户端景墙也是巧妙的设计。

2.一处休闲小几外加一幅挂画，简约又时尚的端景墙凝聚了设计者的不少心思。

3.以植物装饰和镜子作为入户端景，在视觉上扩大了空间。

4.作为入户端景墙的休闲座椅、几案、挂画都充满了艺术气息，整个空间也更有质感。

1.中式风格的室内环境采用木质桌椅、灯笼、中国结等元素装饰入户端景墙。

2.以一处二人休闲茶座作为入户的端景，风格低调且具有较高的实用性。

3.矮柜以及镜面、钟等风格色彩一致，表现入户环境的整体性。

4.整个端景墙十分古朴，矮柜上丰富的花纹图案与墙面的图案相呼应。

5.鲜艳的壁画作为入户端景墙的主体，在浅色调的环境中十分突出。

1.蓝白相间，蓝色的部分更为突出，看似简单的花格也是入户端景墙中细腻的装饰。

2.玄关处做了转角式设计，以简单的白色木花格矮墙作应景，在一定程度上也对空间做了连接。

3.矮柜的上方是镂空的木质景墙，使入户处有了半开放式的空间。

4.玄关处的面积较小，不做过多装饰，玄关出口做一木花格板，既分隔了空间，也装饰了环境。

1.玄关一侧的收纳柜，搭配风格相同的球形花瓶和苍劲的花枝，展现玄关处古朴自然的环境。

2.形式简单的收纳柜作为花瓶的载体不过于显眼，凸显出时尚现代的花艺作品为玄关带来的温馨感。

3.盆花装饰的端景墙隔开了楼梯空间，玄关处多了一个转角，同时也保护了其他空间的隐私。

4.玄关处的家具陈设较为简单，透露出质朴宁静的家居环境。

过道

过道是指室内不同空间的水平交通区域，是通向室内不同区域的走廊。它可以是开放式的空间，也可以是狭长的地带。随着居室面积的增大，家庭中都有了或长或短的过道，这是家中不可少的。在居室装饰中，过道也是重要的环节，它起着过渡空间的作用，它的风格类型也应符合居室内其他空间的特点。美丽又新颖的过道装饰能体现主人的生活情趣，提高家居装饰的品位，但是美丽的居室配上空白的走廊，也绝对没有传说中的缺憾美。不同的过道设计能够体现出不同的家居特点。

利用环境丰富过道视觉层次感

　　一个大空间内的开放式过道，可以通向室内的多个区域，可以设计一些功能区域来丰富过道空间。开放式的过道要十分注意与周边环境的融合和协调。中式家居讲究婉转迂回，如果是一条直直的过道，就需要借助造型来打破这种直直的格局，可以做弧形的边角处理，也可以增加墙面的变化来吸引注意力。开放式的过道也可以从顶面和地面来区分它的空间，可以做顶面地面造型或材质的呼应，可以在地面做地花引导，来凸显过道的玄关功能。

　　1.过道与其他空间的地面铺装一致，通过挡墙、立柱等小品来提示过道空间的存在。

　　2.复式二层的过道围绕天井而设，整个过道空间与楼下能够形成很好的互动。

　　3.过道的占地面积较狭长，但一侧为落地窗，另一侧为楼梯空间的设计，使过道看起来很开阔。

　　4.过道空间本身比较宽敞，留出的空间也能够提供一处休闲娱乐空间。

1.过道与客厅空间没有明显的区分，通过地面铺装来表示过道的存在，整体空间十分宽敞。

2.过道与室内其他空间通过半封闭的隔墙有了区分，但蜿蜒的过道整体还是比较明亮。

3.不同居室的出口汇集在过道处，过道也变得开阔起来。

1.客厅预留出来的空间即为过道，白色的柱子暗示过道指向其他的空间。

2.珠帘和玻璃门使过道区域更加明显，整个室内环境也变得有层次。

3.曲折的过道空间在浅色壁纸的衬托下，有了田园小径的意境。

4.简单的地面铺装使过道空间在白色的环境中更有指向性。

5.通过精致的灯饰和钟表的装饰，过道也变成温馨的小空间。

1.连接两处空间的拱门让短促的过道空间有了悠长之感。

2.采用可封闭的大门使两处空间可以相互独立，过道也具有了变化的特点。

3.楼梯口的平台通过台阶暗示空间的过渡，一体化的地面铺装使空间更加完整。

4.空间较大的居室内没有明确的分隔，通过有指向性的地面铺装界定了不同空间，同时也暗示了过道的存在。

5.过道的转角通过不同花色的地面铺装，表示空间转角的存在。

使用明亮的色彩改变狭长过道的空间感受

对于较为狭长的过道，让它变得宽敞明亮，增加行进之中的乐趣，又能很好地连接两个空间，这是设计所要达到的目的。明亮的光线可以让空间显得宽敞，也可以缓解狭长过道所产生的紧张感。过道的顶面也尽量用清浅的颜色，不要造成凌乱和压抑之感。墙面不要做过多装饰和造型，以免占用空间，只需增加一些具有导向性的装饰品即可。也可以在过道的末端做端景台，吸引人的视线,让人感觉不到封闭式过道的狭长。

1.通向卧室空间的过道较为狭长，也为卧室提供了一个宁静的环境氛围。

2.狭长的过道空间采用浅色系的涂料粉刷整个墙面，过道空间变得明朗没有压迫感。

3.半封闭的过道两侧能够通向其他空间，站在过道中就不会觉得压抑。

1.狭长的过道一侧设计展示区，配合明亮的灯光，过道也变得很敞亮。

2.居室内短促狭小的过道可以采用镜面装饰来扩大过道的空间感。

3.墙面的装饰也是转移狭长过道的注意力的好方法，但墙面装饰不宜过于丰富，以免产生杂乱感。

4.过道顶端的装饰也可以转移过道的注意力，通过顶面和地面色彩的对比来改变过道的视觉环境。

5.狭长的过道灯饰最好采用射灯，而吊灯、壁灯等比较占用空间的灯饰可以设计在开阔的墙面中。

1.楼梯旁的过道较为狭长，便不会做过多的装饰设计。

2.狭长的过道一侧设计镂空的隔墙，改善过道的压抑感。

3.马赛克铺装的地面花朵装饰，转移过道空间的注意力，使人不觉得过道狭窄。

4.过道的吊灯设计十分巧妙，整个过道的设计细节精致丰富。

5.通过丰富的环境装饰来分散过道的注意力，也能够增加过道空间的魅力。

1.日式家居客厅的推拉门也成为过道的装饰，赋予过道更多的变化。

2.过道上的红木门将过道空间进行划分，使人没有压抑感。

3.过道的一侧设计了展示台，地面铺装也对地面进行了横向切割，视觉上扩大了过道的空间。

4.夹在展示台和玻璃之间的空间很容易让人忽略狭长的过道空间。

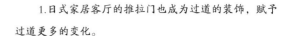

过道中的端景改变过道的环境焦点

　　端景在家居装修设计中是指在某处一端或一角用装饰材料和人工手法制造景点的意思，常见于过道或玄关处，并以各种不同材料做成台面进行装饰，所以也叫端景台。过道尽头的端景一般都应用在狭长的封闭式过道中，或是在半开放式过道的转角处。在过道末端设计的端景除了装饰过道环境，还能够吸引人们的视线，让人不会感觉到过道的狭长。在过道的转角设计端景也有提示通行的作用，同时精心设计的端景能够弱化墙面的棱角，使过道环境也变得温馨舒适。

1

　　1.粗糙的白色墙面上设计展示台和挂画，整个过道仿佛变成了艺术展厅。

　　2.彩色系的墙面设计透过拱门，在不同的角度形成不同的端景。

　　3.在过道的转角以充满童趣的背景墙作为端景，使环境显得极为活泼。

　　4.过道尽头以一面文化石景墙作为端景，质朴的石材在亮色的过道中极为显眼。

2

3

4

1.纯色的墙面设置挂画、吊灯、花艺品等装饰，都能得到较好的衬托。

2.干净大方的过道尽头是一幅挂画和一盆花束，平面与立面的结合增添过道的艺术气息。

3.米色的环境容易产生温馨的感受，过道尽头的一捧月季又为这温馨的环境添上一笔色彩。

4.过道尽头挂的中国画比较抢眼，吸引在此经过的人们驻足欣赏。

5.标准的过道端景台由矮柜和装饰品组成，装饰环境的同时也具有收纳的功能。

1.以雕花木饰板墙作为过道尽头的端景，木质板也有分隔空间的作用。

2.金色的背景使花艺装饰更加鲜艳，作为过道中的端景十分明显。

3.室内的墙面统一使用碎花壁纸，在走廊处形成的错觉，让室内空间多了几分神秘感。

4.过道尽头的端景艺术感十足，在明亮的环境中形成许多倒影。

5.收纳柜与挂画的组合是实用又美观的端景装饰。

1.富有装饰性的墙面中，展示台与镜子是最大的亮点，统一的风格使环境也显得干净整洁。

2.组合柜镶嵌在墙面中也能够形成一道靓丽的风景，作为过道中的装饰。

3.展示柜与植物的组合是常见的过道端景形式，这样的组合能够表达清新自然的环境特点。

4.经过精心设计的背景墙与收纳柜组合，并不会占用过道空间，同时也提高了过道空间的利用率。

5.过道的地面装饰使空间具有延伸感，而展示台和挂画的装饰使空间更有立体感。

具有休闲功能的过道

过道的处理是提升家居品位的重要因素。过道在家居空间中属于公共区域，为了增加使用功能，通常在过道设计中，还兼有休息区的功能。过道的休闲功能通常体现在一些开放式的过道中，这样的空间不受局限，可以设计一些小茶几或者休闲椅，来丰富过道的空间环境。为了使过道空间更具有装饰性，过道休闲区更具有休闲性，在这样的过道旁也可以设计装饰品或者展示区，充分利用过道空间，提升整个过道环境的家居品位。

1.复式的二楼过道沿天井设计，充分发挥空间的特点，在转角处设计一处休闲区。

2.临近落地窗的过道本身就是一处休闲区，在此设计休闲茶座是对空间的进一步完善。

3.在过道的展示柜旁放置休闲椅，休闲小空间也不会显得过于单调。

4.楼梯出口的开放式过道空间，设计一处舒适的沙发椅，在高大的绿植的衬托下，形成一处休闲空间。

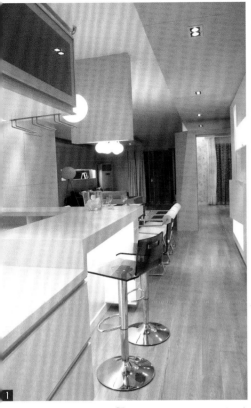

1.吧台是过道与其他空间的分隔，而吧台与过道的使用不会冲突，故而二者可以结合使用。

2.开放式的过道空间较大，在一侧设计休闲区提高了空间的利用率。

3.过道一侧放置舒适的藤制沙发，弱化过道与其他空间的界限。

4.过道的交汇处设计一处休闲椅，暗示这里是一处休闲停留区。

5.墙角随意放置的藤椅和舒适的抱枕，更显室内过道空间的随意自然。

1.弧形过道凸出的区域设计为休闲区，封闭式的过道让整个空间都在为休闲区服务。

2.过道与就餐区没有明显的区分，而铺设地毯使环境乱中有序，整体设计充满家的味道。

3.过道一侧的高脚椅，让过道中的收纳柜成为辅助座椅功能的几案。

4.楼梯出口的过道一侧放置的休闲座椅，与周围环境装饰风格一致，使休闲空间融入到大环境中。

楼梯

楼梯是建筑垂直交通的一种主要解决方式，用于楼层之间和高差较大空间的交通联系。楼梯设有踏步，供楼层之间上下通行的通道是楼梯的梯段。踏步又分为踏面（供行走时踏脚的水平部分）和踢面（形成踏步高差的垂直部分）两部分。楼梯的梯段、踏面、踢面的设计形式十分丰富，不同的形式组合应用又产生了更多的楼梯形式。在家居空间中，楼梯的形式也决定着楼梯的附加功能，不同造型的楼梯更给家居空间带来更多的实用功能。

楼梯转角处的平台做休闲空间

很多楼梯都设计在客厅的一侧，坡度处刚好是电视的摆放位置，若是这种情况，可考虑结合楼梯的具体位置设计休闲区。另外，还可设置吊柜和写字桌，既可摆放书籍以及一定量的装饰物，也可有一个单独的休闲空间。甚至只要放一把座椅，就能为楼梯空间带来不一样的空间感受。另外，楼梯处的休闲区需要在光源设计上多加费心，避免出现采光不足的情况。

1.楼梯的转角处设计较大面积的平台，成为一处独立宁静的休闲区。

2.质朴的楼梯与沙发相搭配，形成了充满怀旧感的休闲区。

3.休闲沙发设计在楼梯出口处，使不同的空间联系更加紧密。

1.楼梯顶端的平台空间面积较大，比较敞亮，作为休闲区也十分舒适。

2.将楼梯下面设计成小型休闲区，与朋友在此小聚，增添生活的乐趣。

3.开敞式的玄关入户便是通向多处空间的楼梯，其中设计一处休闲茶座使空间内容更加饱满。

4.楼梯下部的空间比较完整独立，放置花草并设计一处矮榻，也是宁静的休闲区。

1.甜美的碎花座椅及木质地板，为楼梯下的空间增添了休闲功能

2.楼梯下的空间是舒适的沙发休闲区，个性的楼梯形式让环境更加自然温馨。

3.楼梯的歇脚台与就餐区结合，丰富了室内空间的功能性。

4.皮质沙发与石材铺装的楼梯形成呼应，结合幽静的台灯，整个环境显得自然从容。

5.楼梯转角处做出了休闲区，粉色的沙发为楼梯空间带来甜美的气氛。

1.楼梯的出口的空间，面积较大，一把舒适的座椅增加环境的休闲气氛。

2.楼梯本身美观又实用，木质的栏杆安全性好，此处也可以作为休闲玩耍的区域。

3.面积较大的楼梯转角平台，设置的座椅灯饰符合简单的楼梯环境。

4.将楼梯下的空间设计成一个温馨的休闲区，既丰富了空间功能性，又展现出主人随性的生活态度。

楼梯空间是具有变化性的展示区域

楼梯是走动频繁的地带，在楼梯附近设计展示区，能够装扮楼梯环境、增加空间功能。靠墙壁的楼梯可以将墙面作为装饰画、照片等平面装饰的展示区，在楼梯空间内形成一处照片墙。为了不影响家居生活，楼梯中间不宜摆放家具，故而作为展示的台面或者柜架一般应镶嵌在墙体内，或设计在楼梯出口的平台处。

1.楼梯下的展示柜可以放置装饰品，也具有收纳功能，同时还可充当楼梯下部的扶手。

2.在楼梯出口的一侧设计大型的展示柜，紧贴墙面的展示柜不占用大空间，同时使楼梯环境变得丰富细腻。

3.镶嵌在墙面内的展示台整体与墙面反差较大，较为明显，也提示着空间发生的变化。

1.在流畅又具有变化性的楼梯空间中展示具有艺术特色的装饰画，增加楼梯空间的亮点。

2.个性的楼梯造型本身就是一处展示品，在楼梯的转角设计装饰画，让空间多了一分温馨。

3.纯色调的楼梯空间经过挂画和灯饰的简单装点，空间就变得宁静有格调。

4.楼梯出口的墙壁上镶嵌着展示架，不同的墙面色彩也展示着不同的空间区域。

5.展示柜设计在楼梯的一侧，半镂空的楼梯设计让人站在楼梯的任何角度都能欣赏到展示柜。

1.展示柜设计在楼梯的歇脚台处，鲜艳的色块使展示区域更加明显。

2.楼梯口的平台处设计大面积的墙画，整个空间都感染到画卷中优美宁静的风光。

3.楼梯一侧的空间较小，适合作为休闲活动区域，用作展示区不会使空间显得拥挤。

4.楼梯的墙面是挂画的展示区，而具有装饰性的灯具也十分显眼。

5.色彩鲜艳的木质楼梯充满田园色彩，明亮的灯饰和壁画为空间增添许多温馨。

1.楼梯转角处的壁画与楼梯整体的环境风格一致，整个居室空间也更加完整。

2.楼梯整体的造型在空间中十分抢眼，镂空的踢面使踏面空间形成有层次的展示台。

3.楼梯下的桌子风格色彩与楼梯环境融为一体，放置的工艺饰品也成为楼梯的一部分。

楼梯的空间具有强大的收纳功能

　　不管利用与否，楼梯始终会在家中占据一定的空间。显然，作为开拓收纳的新渠道，楼梯空间显得再合适不过了。让我们换个角度看楼梯，或开放、或封闭、或装饰点缀等多样化的收纳手法，可具体结合房间结构以及个人爱好进行设计。

　　1.白色的收纳柜令楼梯空间多了收纳功能，同时也让整个家居的氛围都更加清新简约。

　　2.玄关一侧的楼梯具有很强的收纳功能，楼梯下不同高度的柜体可以收纳不同的物品。

　　3.将楼梯下方空间打造成储藏室，能有效地扩展空间功能，增强楼梯的使用功能。

　　4.在楼梯下方放置简单小巧的储物柜，既不影响整体设计，又合理利用了楼梯下的空间。

1.利用楼梯歇脚台的空间摆放收纳柜，既能起到装饰作用，又可展示楼梯的收纳功能。

2.在楼梯下方设计红色的收纳柜，展现出楼梯空间的收纳能力。

3.楼梯下方的角落设计成储物空间，不仅能够装饰家居环境，同时也是令家居保持整洁的好方法。

4.根据楼梯的阶梯，设计成展示柜，既可收纳小物件，又可展示主人的收藏。

5.楼梯下的空间设计为鞋柜，同时装上镜子，方便人们的家居生活。

具有装饰效果的楼梯

　　楼梯空间是家居上下连接的重要空间，因此在考虑实用性的同时，也应该选择适宜的装饰品进行搭配、点缀。灯具可以选择吊灯、壁灯等，以温馨但不昏暗的光线作为点缀；装饰物件不应选择过大的，适宜就好。楼梯本身圆润的曲线造型也会给空间带来流畅感，不会因为尖角和硬边框给主人的出入造成不便。

　　1.木质楼梯的扶手雕刻细致，整个楼梯古典奢华，周围只需灯光点缀就能形成美好的意境。

　　2.楼梯与就餐区采用极具装饰性的白色木花格板分开，镂空的隔板使就餐区的装饰都在为楼梯服务。

　　3.使用玻璃做楼梯的栏杆，使木质的楼梯环境在白色调的家居空间中更加有立体感，楼梯的层级也成为环境中的装饰。

1.楼梯的踏面、栏杆、墙壁都做了暗纹处理，远看楼梯简洁大方，近看有细腻的纹理装饰。

2.楼梯的踢面使用马赛克面砖铺装成细腻的青花图案，在木质楼梯环境中十分鲜亮。

3.线条简洁流畅的楼梯形式，通过金属与木材的对比，展现时尚的楼梯概念。

4.金属材质的楼梯扶手花纹精致细腻，楼梯本身的材质也极具装饰性。

1.楼梯的踏面铺设的防滑垫装饰了楼梯，也使楼梯的层次更加明显。

2.精致的大象装饰与木质楼梯相搭配，为整个楼梯空间增添了优雅的气质。

3.楼梯踢面彩色的面砖拼接赋予楼梯更多活泼的感受。

4.楼梯的装饰体现在楼梯细节处的花纹，红色的台阶与白色的栏杆对比也有较好的装饰效果。

5.精心打造的楼梯扶手和墙面装饰物很好地为朴素的楼梯环境带来时尚感。

1.楼梯本身的弧度和扶手处细腻的花纹设计，都在表现着室内环境的随意舒适。

2.居室整体为浅色系环境，精心设计的红木楼梯在空间中也是一件艺术品。

3.楼梯的栏杆由平行的金属棍组成，楼梯自然旋转的弧度，使栏杆的形式也有了音符般的线条变化。

4.弧形的楼梯扶手配合灯光的照射使环境变得更有趣味。

植物景观点缀楼梯环境

楼梯空间的立体感强，可在楼梯下方空间配合楼梯的走势放置几株高矮不一的绿植，既能净化室内空气，还能装扮空间。若楼梯是转角楼梯，其一般呈现的是曲线之美，最好在其下放置绿植或大件的装饰物件，以免另为他用而与风格不符，影响装饰效果。

1.楼梯与墙面的夹角设计一处绿植，使整个典雅的空间多了一些活力。

2.楼梯下及楼梯拐角处摆放盆栽，缓解了过于空旷的空间感。

3.温馨的植物为这个现代的楼梯空间带来了舒适的生活感受。

4.精致的花卉装饰与碎花壁纸墙面相搭配，为楼梯空间带来浓郁的复古情怀。

1.红木质的楼梯显得笨重厚实,一处小型的盆栽就能使空间活泼起来。

2.在楼梯下方及踏步处看似随意摆放的绿植、壁画为这个空间带来浓郁的艺术气息。

3.楼梯转角的花材与高脚的花瓶组合恰当,为宁静的楼梯带来温馨的感受。

4.在现代风的楼梯旁做出了具有自然风情的植物装饰,丰富了家居表情。

5.颇为精致的楼梯空间设计,与楼梯口、歇脚处的绿植相搭配,既丰富了空间感,又凸显了主人的生活情趣。

1.楼梯空间丰富的装饰品让整个环境显得极为热闹。

2.背靠楼梯设计的枯树，点缀了整个楼梯的风格意境。

3.楼梯口丰富的绿植设计让温馨的空间更有活力。

4.在楼梯的上方空间悬挂垂蔓类的植物，形成空间上层的绿色景观。

5.蓝色系的楼梯墙面与绿植相搭配，缓解了楼梯带来的深沉感。

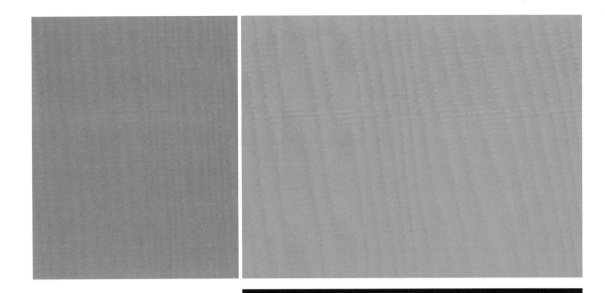

阁楼

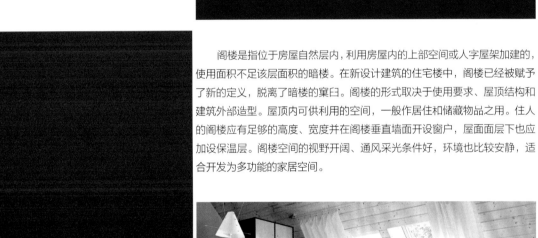

阁楼是指位于房屋自然层内，利用房屋内的上部空间或人字屋架加建的，使用面积不足该层面积的暗楼。在新设计建筑的住宅楼中，阁楼已经被赋予了新的定义，脱离了暗楼的窠臼。阁楼的形式取决于使用要求、屋顶结构和建筑外部造型。屋顶内可供利用的空间，一般作居住和储藏物品之用。住人的阁楼应有足够的高度、宽度并在阁楼垂直墙面开设窗户，屋面面层下也应加设保温层。阁楼空间的视野开阔、通风采光条件好，环境也比较安静，适合开发为多功能的家居空间。

舒适自由的阁楼休闲区

阁楼空间富有趣味和变化，使人感觉亲切、温暖，富有安全感。阁楼也是最高的，有最开阔的视野、最新鲜的空气，因此将阁楼空间用作休闲区是最恰当不过的了。阁楼空间比较通透，采光和通风对于休闲环境来说也是非常重要的，这样回归大自然的环境当然能够提供最舒适、最悠闲的休闲空间。

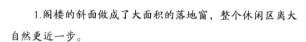

1.阁楼的斜面做成了大面积的落地窗，整个休闲区离大自然更近一步。

2.深色系的布艺家具让阁楼休闲多了几分厚重，丰富的环境布置也不乏温馨感。

3.天窗的活动窗帘可以随意调节阁楼的光线，使阁楼休闲更加舒适。

4.阳光透过天窗，洒在慵懒的沙发上，干净整洁的空间也变得随意自然。

1.木质铺装的阁楼空间整齐敞亮，为空间带来更多自然气息。

2.天窗下舒适的躺椅是对阁楼休闲空间最好的诠释。

3.面积较小的阁楼设计环形的沙发，扩大了空间的使用面积。

4.舒适的皮沙发、温馨的棉地毯，整个阁楼装扮得实用舒适，充满家的味道。

5.阁楼中的大花地毯十分抢眼，明亮的光线使阁楼仿佛置身原野之中。

1.复古的座椅与木质的空间装饰在色彩上一致，统一了阁楼空间的风格。

2.阁楼的立面墙设计了一处大书柜，使阁楼也有了阅读区的功能。

3.阁楼内的家具都采用统一的色调，窗台与几案使用小型盆栽装饰，整个阁楼休闲简单温馨。

1.阁楼的一侧放置着书柜，躺在天窗下的躺椅上阅读也是十分惬意的事情。

2.四面都有光源的阁楼，面积也较大，整个空间可以容纳多人休闲。

3.整个阁楼空间的布置都十分的复古，阳光照在舒适的布艺沙发上，整个空间更有家的感觉。

在阁楼营造安静舒适的卧室环境

　　阁楼独特的空间环境特点，总是充盈着浪漫的气息。将有良好保暖隔热措施且空间较大的阁楼设计为安静舒适的卧室，也是一件温馨而浪漫的事情。不管阁楼空间装饰为什么风格，一张舒适的双人床是必不可少的。空间的整体风格以展现优雅浪漫的家庭生活为主，也可以选择木质铺装结合舒适的布艺织物来表现阁楼空间的甜蜜和温馨。面积较大的阁楼还可以分割出阅读区、休闲区等，使阁楼中的卧室环境具有更多的使用功能。

　　1.舒适的大床让布置简单的阁楼空间变得十分温馨。

　　2.阁楼中的家具布置充满了梦幻的色彩，帷幔、纱帐的布置也让环境充斥着浪漫的气息。

　　3.没有过多的家具陈设，但舒适的大床和实用的窗帘都在为一个安逸的睡眠环境服务。

1.床品、窗帘、抱枕、壁纸都采用了同样的蓝白条纹，空间的整体性更加明显。

2.原木色彩本身具有宁静之感，造型古朴雅致的床头柜让阁楼卧室能够提供更优质的睡眠。

3.榻榻米式的大床以及简洁又实用的家具布置，让卧室的实用性更强。

1.阁楼的家具以黑色金属材质为主，简单的形式也不乏轻巧的感觉，阁楼中的卧室环境也显得更加细腻。

2.将床头柜与收纳柜融合在一起，节省了阁楼的空间，床榻也可以当做一处阅读区。

3.阁楼的环境明亮宽敞，白色的墙壁和木质铺装的地板相得益彰，碎花式的窗帘使阁楼卧室显得更加温馨。

4.天窗使卧室能够享受到充足的阳光，也使阁楼空间更贴近大自然。

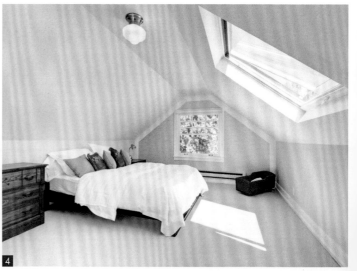

1.卧室中的帷幔以及空间柔和的色彩都使空间变得更加浪漫。

2.阁楼铺设地毯使空间温馨了许多，简单的卧室设计也拥有家的温馨。

3.榻榻米式的卧室十分舒适，床边的展示架也可以当做书柜使用，使卧室拥有更多的功能。

1.阁楼的水暖、照明等设施齐全，经过巧妙的空间设计，也是一处温馨的小家。

2.面积较小的阁楼不做过多的家具陈设，为一个人的卧室留出足够的活动空间。

3.阁楼分为两个区域，床榻区设计得实用舒适，有落地窗的部分则是一处自然随意的休闲区域。

1.榻榻米式的单人床，也可以充当一处休闲空间。

2.空间较小的阁楼将收纳柜与墙角空间结合，保证卧室环境的舒适性。

3.复古精致的红木床，结合花纹丰富的壁纸，凸显阁楼卧室的奢华与厚重。

4.阁楼的卧室加入了其他功能，电视墙与壁橱的设计使房间的休闲性更强。

具有童话色彩的阁楼儿童房

阁楼在整个家居空间中是最具神秘感、极富变化性的空间。阁楼的天窗有最开阔的视野、良好的采光，阁楼也是家居空间中与大自然最接近的地方。这些空间特点能够迎合儿童的好奇心和探索欲，因此将阁楼空间用作儿童房也是合理布局家居空间的重要方式。另外，阁楼的环境相对安静，作为儿童房也能够避免其他空间的干扰。

1.儿童房的色彩布置以明亮鲜艳为主，房间内的供游戏、学习、收纳、休息的区域有明显的划分。

2.阁楼的装饰十分精致，家具以舒适的布艺为主，鲜艳的装饰色彩使环境看起来十分活泼。

3.阁楼空间较小，作为卧室显得拥挤，但作为儿童的游戏区就充满了趣味。

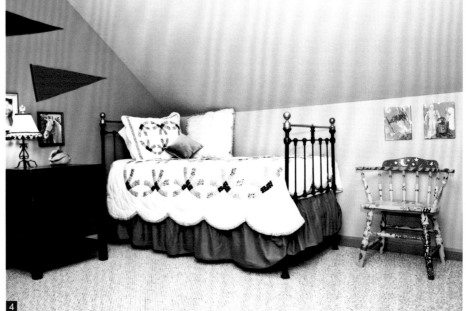

1.色彩温馨明亮的床品装饰使卧室充满温暖的气息,与床相连的飘窗提供了更多的休息空间。

2.以实用设计为主的阁楼,收纳柜、小茶台以及床头的卡通小景都设计得非常精致,打造实用又靓丽的儿童专属之家。

3.一张温馨的小床,许多可爱的毛绒玩具装饰,一个人的阁楼小家也可以舒适浪漫。

4.色彩鲜艳的阁楼设计能够给空间带来活泼新鲜的气息,而蓝色与米黄色明显的色差又使卧室的立体感更强。

1.阁楼面积较大，休闲区外还设计了一处儿童活动区。

2.阁楼内的一切设计都让空间变得舒适，柔和的光线、色彩让环境更具温馨感。

3.将卧室环境布置为天空一般的蓝色，温馨的环境布置也更显阁楼的宁静和别致。

1.儿童房的设计充满童话色彩，阁楼的环境也可以设计出多样的玩乐场所，丰富儿童房的环境。

2.温馨布置的阁楼儿童房，划分出了练琴区和休息区，而地毯的铺设使卧室的整个空间都能成为玩乐的场所。

3.阁楼的斜面做了波浪形的变化，充满梦幻的墙纸让儿童房成为无限遐想的乐园。

4.阁楼立面墙面的收纳柜放满了儿童的毛绒玩具，下层的收纳柜也是儿童的书桌。

阁楼空间的其他用途

阁楼空间的用途非常多，可以设计为多样化的家居生活的空间。不论是躺在斜屋顶窗下的浴缸里泡澡、在宁静的小空间里做料理、还是在天窗下静静阅读，都会让人感觉非常惬意。那么就动手来改造阁楼吧！在斜屋窗下，立式墙面可以安装大浴缸、书橱、壁炉等大件物品，旁边还可以设计一个搁板，用来放置物品。阁楼的斜面则可以充分发挥想象，设计成辅助空间功能的小区域。

1.依阁楼斜面设计的阅读区，书架也设计为斜面，书桌深入斜面的部分则成为桌面的展示区。

2.作为书房的阁楼也有诸多好处，工作劳累的时候，可以站起来看看窗外的风景，舒展一下筋骨，放松一下心情。

3.阁楼上放置的书架也可以充当展示柜来摆放一些工艺品。

1.阁楼设计为洗漱区能够改善洗漱区潮湿的环境特点,同时创造了舒适的洗浴环境。

2.小面积的阁楼作为卧室空间太小,作为收纳又太浪费空间,用作浴室是对空间更合理的利用。

3.阁楼设计了一处大浴缸,浴缸上设计的书架让人们在泡澡休闲的同时可以静静阅读。

4.阁楼浴室中设计了照片墙和景观空间,使泡澡的环境更加惬意。

1.将阁楼空间设计为厨房，阁楼自带的阳台则成为就餐区和休闲区的结合体。

2.阁楼空间较为僻静，作为练琴房和书房也是不错的选择。

3.面积较小的阁楼设计为小厨房也是合理利用空间的一种形式。

4.作为开放的儿童活动区的阁楼，两侧的收纳柜可以收纳一些儿童玩具。